Vesuvio: Il Gigante Dormiente e l'Eruzione della Conoscenza

Vesuvio: Il Gigante Dormiente e l'Eruzione della Conoscenza

Indice:

Introduzione

1. Il Vesuvio: Una Breve Storia
2. Importanza dello Studio dei Vulcani
3. Scopo e Struttura del Libro

Capitolo 1: Il Vesuvio e Napoli   Pag.16

1. Geografia e Posizione del Vesuvio
2. Impatto Storico e Culturale su Napoli

Capitolo 2: Vulcanologia Fondamentale

Pag.22

1. Cos'è un Vulcano?
2. Tipi di Vulcani
3. Processi Vulcanici

Capitolo 3: L'Eruzione del Vesuvio nel 79 d.C.   Pag.35

1. Eventi Principali
2. Distruttività e Vittime

3. Eredità Storica

Capitolo 4: L'Eruzione del Vesuvio nel 1631   **Pag.47**

1. L'Eruzione e i Suoi Effetti
2. Risposta e Lezioni Apprese

Capitolo 5: L'Eruzione del Vesuvio nel 1944   **Pag.54**

1. Eventi dell'Eruzione
2. Impatto sulla Seconda Guerra Mondiale

Capitolo 6: Monitoraggio e Previsione Vulcanica   **Pag.60**

1. Strumenti e Tecnologie
2. Ruolo dell'Osservatorio Vesuviano

Capitolo 7: Rischi e Pianificazione di Emergenza   **Pag.68**

1. Valutazione dei Rischi
2. Progetti di Ricerca in Corso

Capitolo 8: L'Eruzione del Vesuvio nel Futuro   **Pag.76**

1. Possibili Scenario Futuri
2. Preparazione e Mitigazione dei Rischi

Conclusione   **Pag.84**

1. Importanza della Ricerca sul Vesuvio
2. L'Eruzione del Vesuvio e il Futuro di Napoli

Bibliografia   **Pag.92**

- Fonti e Riferimenti Consultati

Introduzione

Il Vesuvio, con la sua imponente sagoma, domina il panorama di Napoli e rappresenta un'icona della bellezza e dell'ansia per gli abitanti di questa regione. Questo vulcano attivo ha un fascino irresistibile, ma nasconde un potenziale distruttivo che non può essere sottovalutato. Questo libro si propone di esplorare la storia, la scienza e l'impatto del Vesuvio sulla città di Napoli e il mondo intero.

Da millenni, il Vesuvio è stato una presenza costante nella vita dei napoletani. La sua geografia, la sua bellezza e la sua pericolosità si intrecciano in una storia unica. La storia delle eruzioni del Vesuvio è stata spesso una storia di distruzione, ma anche di scoperta. Nel 79 d.C., l'eruzione che seppellì le antiche città di Pompei ed Ercolano catturò un momento nella storia come poche altre catastrofi naturali. Ma queste eruzioni non furono solo tragiche;

furono anche l'ispirazione per alcune delle prime ricerche scientifiche sulla natura dei vulcani e dei terremoti.

Questo libro è un viaggio attraverso il tempo e lo spazio, dall'antica eruzione del 79 d.C. alle eruzioni più recenti del XX secolo, esplorando il significato culturale e storico del Vesuvio. Tuttavia, questo è anche un viaggio nella scienza, poiché esamineremo come gli scienziati hanno cercato di comprendere e prevedere i vulcani e quali sono le sfide e le opportunità che il Vesuvio presenta alla ricerca moderna.

Il Vesuvio è una spada di Damocle sospesa sopra la città di Napoli, ma è anche una risorsa preziosa di conoscenza scientifica. Questo libro cercherà di svelare l'incantesimo di questo gigante dormiente, esplorando la sua storia, la sua scienza e il suo impatto sulla vita di chi vive ai suoi piedi. Siate pronti a immergervi nell'affascinante mondo del Vesuvio e a scoprire come questo vulcano ha forgiato il passato e continua a plasmare il futuro di Napoli e del mondo intero.

Il Vesuvio una breve storia

Certamente, "Il Vesuvio: Una Breve Storia" è un capitolo introduttivo che fornisce una panoramica sulla storia del Vesuvio. Ecco una spiegazione più dettagliata:

Il Vesuvio è uno dei vulcani più famosi al mondo ed è situato nella regione della Campania, in Italia. La sua storia geologica risale a migliaia di anni fa. Questo vulcano complesso ha una lunga storia di attività eruttiva che ha plasmato il paesaggio circostante e influenzato la vita delle persone che vivono nelle sue vicinanze.

La storia geologica del Vesuvio inizia con la sua formazione. Si ritiene che il vulcano si sia formato circa 25.000 anni fa, e nel corso dei millenni ha subito molte eruzioni.

Tuttavia, è noto principalmente per le sue eruzioni più distruttive, tra cui quella del 79 d.C., che seppellì le città romane di Pompei ed Ercolano sotto uno spesso strato di cenere e lapilli.

Dopo questa eruzione storica, il Vesuvio è rimasto relativamente tranquillo per molti secoli, ma ha ripreso la sua attività nel corso della storia, con eruzioni significative nel 1631, 1944 e altre. Questi eventi hanno avuto un impatto notevole sulla regione circostante, causando morte e distruzione, ma hanno anche ispirato la ricerca scientifica nel campo della vulcanologia.

Oggi, il Vesuvio è considerato un vulcano attivo, ma fortunatamente è costantemente monitorato da esperti per prevedere e mitigare i rischi associati alle sue future eruzioni. La storia del Vesuvio è intrisa di miti, leggende, tragedie e scoperte scientifiche, e continua a catturare l'attenzione del mondo come un esempio straordinario del potenziale di distruzione e di bellezza della natura.

Importanza dello Studio dei Vulcani

Lo studio dei vulcani è di fondamentale importanza per diversi motivi:

1. **Prevenzione e Mitigazione dei Rischi**: La ricerca vulcanologica aiuta a monitorare e comprendere l'attività vulcanica, consentendo alle autorità di prevedere le eruzioni e prendere misure per evacuare in modo tempestivo le aree a rischio. Questo salvaguarda vite umane e proprietà.
2. **Comprendere l'Attività** della Terra: Lo studio dei vulcani fornisce una finestra sulla dinamica interna della Terra. Aiuta a comprendere come il nostro pianeta si evolve e come

l'energia geotermica viene liberata attraverso le eruzioni vulcaniche.

3. **Conservazione dell'Ambiente**: Molti vulcani sono situati in aree di grande valore ecologico. Lo studio dei vulcani consente di proteggere questi ecosistemi unici e sensibili e di pianificare la conservazione ambientale.

4. **Risorse Naturali**: Le aree vulcaniche spesso contengono risorse minerali e geotermiche preziose. Lo studio dei vulcani può aiutare a sfruttare queste risorse in modo sostenibile.

5. **Scienza e Ricerca**: La vulcanologia è un campo scientifico in continua crescita, contribuendo alla nostra comprensione dei processi geologici e delle dinamiche planetarie. Le ricerche sui vulcani portano a nuove scoperte nel campo della geologia, della chimica e della fisica.

6. **Cultura e Storia**: Molti vulcani hanno una ricca storia culturale e storica. Lo studio dei vulcani può

contribuire a preservare la memoria di eventi passati, come le eruzioni di Pompei e Ercolano.

In sintesi, il campo della vulcanologia è cruciale per la sicurezza pubblica, la conservazione dell'ambiente, la comprensione scientifica del nostro pianeta e il patrimonio culturale. La ricerca e la sorveglianza costante dei vulcani contribuiscono a prevenire tragedie e a promuovere una convivenza più sicura con questi imprevedibili e affascinanti elementi della natura.

Scopo del Libro: Il libro "Vesuvio: Il Gigante Dormiente e l'Eruzione della Conoscenza" si propone di esplorare in profondità il vulcano Vesuvio, il suo impatto storico e scientifico e la sua relazione con la città di Napoli. Scopo principale è condividere una conoscenza approfondita sul Vesuvio e stimolare il lettore a riflettere sulla complessità di questo vulcano e sugli aspetti culturali e scientifici ad esso collegati. Inoltre, mira a promuovere la consapevolezza sui rischi associati al Vesuvio e alle eruzioni vulcaniche in generale.

Struttura del Libro: Il libro seguirà una struttura chiara e organizzata, suddivisa in capitoli tematici. La struttura potrebbe includere:

1. **Introduzione**: Questa sezione introduce il libro e i suoi obiettivi, fornendo una panoramica generale sul Vesuvio e le sue implicazioni.

2. **Il Vesuvio e Napoli**: Esplora la storia geologica del Vesuvio e il suo impatto storico e culturale sulla città di Napoli.

3. **Vulcanologia Fondamentale**: Offre una base scientifica per comprendere i vulcani, inclusi i tipi di vulcani e i processi vulcanici.

4. **Eruzioni Storiche**: Analizza le eruzioni più significative del Vesuvio, inclusa quella del 79 d.C., del 1631 e del 1944.

5. **Monitoraggio e Previsione Vulcanica**: Spiega come gli scienziati monitorano l'attività vulcanica e cercano di prevedere le eruzioni.

6. **Rischi e Pianificazione di Emergenza**: Esplora l'importanza della preparazione per le eruzioni vulcaniche e la pianificazione di evacuazioni.

7. **Ricerca Scientifica Attuale**: Illustra le ricerche scientifiche più recenti condotte sul Vesuvio.

8. **Il Futuro del Vesuvio**: Si concentra sui possibili scenari futuri per il Vesuvio e sulle misure di mitigazione dei rischi.
9. **Conclusione**: Riassume i punti chiave del libro e sottolinea l'importanza della ricerca sul Vesuvio.
10. **Bibliografia**: Elenca le fonti e i riferimenti utilizzati per la stesura del libro.

Questa struttura organizzata consentirà ai lettori di esplorare in dettaglio il tema del Vesuvio e di seguire un percorso logico attraverso la storia, la scienza e il futuro di questo vulcano iconico.

Capitolo 1

Il Vesuvio e Napoli

Il Vesuvio è un vulcano situato nella regione della Campania, in Italia, e Napoli è una delle città più grandi e storiche di questa regione. Questa relazione tra il Vesuvio e Napoli è di grande importanza storica, geografica e culturale:

1. Posizione Geografica: Il Vesuvio sorge a pochi chilometri a est di Napoli. La sua presenza domina il paesaggio e conferisce a Napoli una delle viste più iconiche al mondo, con la città che si estende ai piedi del vulcano e il mare azzurro che si stende davanti ad essa.

2. Impatto Storico: Il Vesuvio è noto principalmente per l'eruzione catastrofica del 79 d.C., che seppellì le antiche città romane di Pompei ed Ercolano sotto uno spesso strato di cenere e lapilli. Questi siti archeologici danno testimonianza di questa drammatica eruzione e sono diventati attrazioni turistiche di fama mondiale. L'eruzione del Vesuvio ha avuto un profondo impatto sulla storia di Napoli e dell'intera regione campana.

3. Rischio e Preparazione: La vicinanza di Napoli al Vesuvio implica un costante rischio di eruzione. Pertanto, la città e le sue autorità devono essere costantemente preparate per affrontare potenziali eruzioni vulcaniche. Gli studi sul Vesuvio e il monitoraggio continuo sono fondamentali per la sicurezza della popolazione locale.

4. Icona Culturale: Il Vesuvio è diventato un'icona culturale per Napoli e l'intera regione campana. La sua presenza ispira l'arte, la musica, la letteratura e la cultura napoletana in generale.

La vicinanza del Vesuvio a Napoli ha un impatto significativo sulla città stessa e sulle comunità circostanti. Questa posizione geografica ha generato una lunga storia di interazione tra il Vesuvio e la città, che include non solo eruzioni distruttive, ma anche la creazione di terreni fertili e paesaggi pittoreschi.

La posizione del Vesuvio in una regione densamente popolata pone sfide costanti per la pianificazione di emergenza, la sicurezza pubblica e la protezione ambientale. Gli scienziati e le autorità locali monitorano attentamente l'attività del vulcano per prevenire e mitigare i rischi associati a una potenziale eruzione.

In sintesi, il Vesuvio è strettamente legato a Napoli non solo geograficamente, ma anche storicamente e culturalmente. La storia di questo vulcano e la sua interazione con la città di Napoli rappresentano un affascinante intreccio di bellezza, pericolo, storia e cultura che continua a catturare l'immaginazione di persone in tutto il mondo.

Impatto Storico e Culturale su Napoli

L'**impatto storico e culturale del Vesuvio su Napoli** è un elemento fondamentale nella storia della città e nella sua identità. Ecco una spiegazione dettagliata di questo aspetto:

Impatto Storico:

1. **Eruzioni Antiche:** L'eruzione più famosa del Vesuvio è quella del 79 d.C., che seppellì le antiche città di Pompei ed Ercolano. Questi siti archeologici hanno fornito un'incredibile finestra sul mondo romano e sono stati di grande importanza storica per la comprensione della vita in quell'epoca.

2. **Tragedie e Rinascite:** Le eruzioni successive del Vesuvio, come quella del 1631, hanno causato tragedie e

distruzione, ma Napoli ha anche mostrato una straordinaria resilienza nel riprendersi da queste calamità. Questi eventi hanno contribuito a plasmare la storia della città.

Impatto Culturale:

1. **Arte e Letteratura:** L'immagine del Vesuvio è stata una fonte d'ispirazione per artisti, poeti e scrittori nel corso dei secoli. Il vulcano appare in molte opere d'arte e nella letteratura, contribuendo alla ricchezza culturale di Napoli.

2. **Cucina Napoletana:** La cucina napoletana è rinomata in tutto il mondo, e l'area vulcanica è famosa per i suoi terreni fertili grazie alle eruzioni passate. Questo ha favorito la coltivazione di prodotti agricoli di alta qualità, come pomodori, olive e limoni, che sono ingredienti chiave della cucina napoletana.

3. **Mitologia e Leggende:** Il Vesuvio è associato a numerose leggende e miti, tra cui l'antica storia di Ercole e i lavori leggendari. Questi racconti hanno contribuito a forgiare la cultura locale.

4. **Identità Locale:** Il Vesuvio è diventato un simbolo di Napoli e della Campania. La sua presenza domina il paesaggio e influenza la mentalità delle persone nella regione. Gli abitanti di Napoli hanno una relazione speciale con il vulcano, vivendo costantemente con la consapevolezza del suo potenziale pericolo e della sua bellezza intrinseca.

In breve, il Vesuvio ha giocato un ruolo fondamentale nella storia e nella cultura di Napoli. La sua presenza ha generato una complessa interazione tra tragedie e rinascite, ispirando l'arte, la letteratura, la cucina e le tradizioni locali. Questo vulcano è intrinsecamente intrecciato nell'identità di Napoli e rappresenta un elemento chiave nella storia di questa affascinante città italiana.

Capitolo 2

Vulcanologia Fondamentale

La **vulcanologia fondamentale** è il ramo della scienza geologica che si occupa dello studio dei vulcani, dei processi vulcanici e delle caratteristiche delle eruzioni vulcaniche. Questo campo fornisce una base teorica e pratica per comprendere i vulcani e prevedere i potenziali rischi associati alle loro attività. Ecco una spiegazione più dettagliata:

.Monitoraggio Vulcanico:

La vulcanologia fondamentale fornisce anche le basi per il monitoraggio vulcanico. Gli scienziati utilizzano strumenti come sismometri, misuratori di gas, termocamere e immagini satellitari per osservare l'attività vulcanica e prevedere potenziali eruzioni. Questo monitoraggio è essenziale per la sicurezza pubblica, in particolare nelle aree vulcaniche densamente popolate.

In sintesi, la vulcanologia fondamentale è una scienza che esplora i processi vulcanici, i tipi di vulcani e i meccanismi delle eruzioni. Questa conoscenza è fondamentale per comprendere e mitigare i rischi associati ai vulcani e per contribuire alla ricerca scientifica sulla Terra e sulla sua dinamica interna.

Cos'è un Vulcano?

Un vulcano è una struttura geologica che si forma quando il magma, una roccia fusa composta principalmente da rocce parzialmente fuse, gas, ceneri e altri materiali, viene espulso dalla crosta terrestre e fuoriesce in superficie attraverso aperture chiamate crateri o bocche vulcaniche. Questa espulsione di magma e materiali può avvenire in modo esplosivo o effusivo, a seconda delle condizioni e delle caratteristiche specifiche del vulcano.

Ecco alcune delle caratteristiche chiave dei vulcani:

1. **Cratere o Bocca Vulcanica:** Questa è l'apertura sulla cima del vulcano attraverso la quale il magma, i gas e i materiali vengono rilasciati. Il cratere può variare in dimensioni e forma.
2. **Magma:** Il magma è una miscela di rocce fuse, gas e altri componenti. La composizione chimica del magma può variare notevolmente da un vulcano all'altro. Alcuni vulcani eruttano magma ricco di silice, che tende a essere più viscoso e a causare eruzioni esplosive, mentre

altri eruttano magma più povero di silice, che scorre più liberamente e causa eruzioni effusive.

3. **Eruzioni Esplosive ed Effusive:** Le eruzioni vulcaniche possono essere esplosive o effusive. Nelle eruzioni esplosive, il magma è molto viscoso, trattenendo gas all'interno di esso. Quando questa pressione accumulata viene rilasciata, può causare esplosioni violente con emissioni di ceneri e materiali piroclastici. Nelle eruzioni effusive, il magma è meno viscoso e scorre più liberamente, spesso causando flussi di lava.

4. **Cenere e Materiali Vulcanici:** Durante un'eruzione, un vulcano può rilasciare cenere vulcanica, lapilli, blocchi di roccia e altri materiali. Questi possono essere trasportati per distanze considerevoli dal vento e possono rappresentare un pericolo per le persone, gli edifici e l'ambiente circostante.

5. **Forme Vulcaniche:** I vulcani possono assumere diverse forme, tra cui vulcani a scudo con pendici dolci e larghe, vulcani compositi o stratovulcani con pendici ripide e caldere, che sono grandi depressioni vulcaniche spesso formate da collassi di enormi eruzioni.

6. **Attività Sismica:** L'attività sismica, come terremoti, può essere associata alle eruzioni vulcaniche poiché il movimento del magma sottostante può causare tensioni nella crosta terrestre.

I vulcani sono parte integrante della dinamica della Terra e del ciclo geologico. Studiare i vulcani è essenziale per comprendere i processi geologici, per prevedere le eruzioni e per proteggere la sicurezza delle comunità nelle loro vicinanze. La vulcanologia è la disciplina scientifica che si concentra sulla ricerca e lo studio dei vulcani.

Tipi di Vulcani

Ci sono vari tipi di vulcani, ciascuno dei quali ha caratteristiche geologiche e comportamenti eruttivi distinti. Ecco una spiegazione dei principali tipi di vulcani:

1. **Vulcano a Scudo:**
   - Caratteristiche: Questi vulcani hanno una forma a cono ampio e piatto con pendici molto dolci. La lava eruttata da questi vulcani è spesso molto fluida e scorre facilmente.
   - Comportamento Eruttivo: Le eruzioni dei vulcani a scudo sono generalmente non esplosive e il magma fuoriesce lentamente. Ciò significa che la lava può fluire per lunghe

distanze e creare grandi superfici piane.

2. **Vulcano Composito o Stratovulcano:**

- Caratteristiche: Questi vulcani hanno pendici più ripide rispetto ai vulcani a scudo e una struttura più complessa. Sono spesso caratterizzati da strati di lava solidificata, cenere e altri materiali eruttati in passate eruzioni.

- Comportamento Eruttivo: I vulcani compositi possono produrre eruzioni esplosive con espulsione di ceneri, lapilli e materiali piroclastici. Le eruzioni di questo tipo di vulcano possono essere molto pericolose.

3. **Caldera:**

- Caratteristiche: Le caldere sono grandi depressioni vulcaniche spesso formate da collassi dovuti a enormi eruzioni. Possono essere parzialmente o completamente circondate dai resti del bordo vulcanico precedente.

- Comportamento Eruttivo: Nonostante il loro aspetto depresso, le caldere possono essere il sito di eruzioni future. L'eruzione di una caldera può essere molto distruttiva a causa dell'enorme volume di magma rilasciato.

4. **Vulcano Sottomarino:**

- Caratteristiche: Questi vulcani si trovano sotto l'acqua, spesso nei fondali oceanici. Possono contribuire alla formazione di isole o di altri rilievi sommersi.

- Comportamento Eruttivo: Le eruzioni dei vulcani sottomarini possono generare fumi, eruzioni di cenere e la creazione di nuove formazioni geologiche sottomarine.

5. **Vulcano Freatomagmatico:**

- Caratteristiche: Questi vulcani si formano da esplosioni di vapore causate dall'interazione tra acqua e magma. Sono spesso presenti in zone idrotermali.
- Comportamento Eruttivo: Le eruzioni di vulcani freatomagmatici possono essere violente, generando nuvole di vapore, ceneri e materiali piroclastici.

Ogni tipo di vulcano ha il proprio comportamento eruttivo e comporta specifici rischi geologici. Gli scienziati studiano attentamente questi vulcani per comprendere meglio le loro caratteristiche e prevedere il comportamento delle eruzioni al fine di proteggere la sicurezza pubblica.

Spiega: Processi Vulcanici

I **processi vulcanici** sono i vari eventi e fenomeni geologici associati all'attività di un vulcano. Questi processi si verificano all'interno e intorno al vulcano durante le fasi di eruzione o di attività vulcanica. Ecco una spiegazione dei processi vulcanici principali:

1. **Generazione del Magma:** Questo è il processo iniziale che porta alla formazione del magma, una roccia fusa contenente gas, cristalli minerali e materiali disciolti. Il magma si forma a grandi profondità sotto la crosta terrestre, dove le temperature e le pressioni sono sufficientemente elevate da far fondere le rocce.

2. **Risalita del Magma:** Una volta formato, il magma ha una densità inferiore rispetto alle rocce

circostanti ed è quindi più leggero. Ciò lo fa risalire verso la superficie attraverso fratture o fessure nella crosta terrestre.

3. **Accumulo nel Camino Magmatico:** Il magma può accumularsi in una camera magmatica o un serbatoio vulcanico situato sotto il vulcano. Qui il magma può essere temporaneamente immagazzinato prima di essere eruttato in superficie.

4. **Esplosione del Magma:** Durante l'eruzione, il magma può fuoriuscire attraverso la bocca vulcanica (cratere) o le fessure nella crosta terrestre. A seconda della composizione del magma, dell'abbondanza di gas e di altri fattori, l'eruzione può essere esplosiva o effusiva.

5. **Eruzioni Effusive:** In eruzioni effusive, il magma è fluido e scorre facilmente. Questo tipo di eruzione può causare flussi di lava che si espandono lentamente sulla

superficie circostante. Le eruzioni effusive sono spesso associate ai vulcani a scudo.

6. **Eruzioni Esplosive:** In eruzioni esplosive, il magma è più viscoso e trattiene gas disciolti. Quando la pressione accumulata nel magma supera la resistenza della crosta vulcanica, si verificano violente esplosioni. Queste eruzioni possono rilasciare ceneri, lapilli, blocchi di roccia e materiali piroclastici nell'atmosfera.

7. **Attività Sismica:** L'attività sismica, come terremoti vulcanici, è spesso associata all'attività vulcanica. Questi terremoti sono causati dalla pressione e dai movimenti del magma all'interno del vulcano.

8. **Deposizione di Materiali Vulcanici:** Durante e dopo un'eruzione, i vulcani possono depositare una varietà di materiali vulcanici, tra cui cenere vulcanica, lapilli, blocchi di roccia e flussi di lava. Questi depositi

possono coprire vaste aree circostanti.

9. **Formazione di Nuove Formazioni Geologiche:** Le eruzioni vulcaniche possono contribuire alla formazione di nuove formazioni geologiche, come isole, coni vulcanici e caldere.

10. **Attività Fumaroliche e Idrotermali:** Dopo un'eruzione, i vulcani possono presentare attività fumaroliche e idrotermali, con l'emissione di gas caldi e vapore da fessure nella superficie.

Comprendere questi processi vulcanici è fondamentale per la vulcanologia, la scienza che studia i vulcani. Gli scienziati utilizzano strumenti e tecniche specializzate per monitorare i vulcani e prevedere le eruzioni, contribuendo così alla sicurezza delle comunità nelle aree vulcaniche.

Capitolo 3

L'Eruzione del Vesuvio nel 79 d.C.

Eventi Principali

L'eruzione del Vesuvio nel 79 d.C. è una delle eruzioni vulcaniche più famose e ben documentate nella storia. Questa eruzione è principalmente conosciuta per la distruzione delle antiche città romane di Pompei ed Ercolano, che furono sepolte sotto spessi strati di cenere e lapilli. Ecco una spiegazione dettagliata di questo evento storico:

Data dell'eruzione: L'eruzione del Vesuvio nel 79 d.C. ebbe inizio il 24 agosto di quell'anno ed è stata descritta da Plinio il

Giovane, un giovane scrittore romano che viveva nei pressi del Vesuvio e che lasciò un resoconto dettagliato dell'eruzione.

1. L'eruzione ebbe inizio con una serie di esplosioni violente che fecero tremare la terra e generarono colonne di cenere e gas che si innalzarono nel cielo. Questo fu l'evento di innesco dell'eruzione.

Sviluppo dell'eruzione: L'eruzione del Vesuvio nel 79 d.C. fu caratterizzata da una serie di fasi. All'inizio, il vulcano emise enormi colonne di cenere, lapilli e gas. La cenere vulcanica e i lapilli coprirono rapidamente le città di Pompei ed Ercolano, oscurando la luce del giorno. Successivamente, colate piroclastiche, flussi di gas ad alta temperatura e massi rocciosi caddero sulle città, causando la morte istantanea di molte persone. Infine, la caduta di cenere e lapilli accumulò uno spesso strato che seppellì completamente le città.

2. **Caduta di Cenere e Lapilli:** Nei primi momenti dell'eruzione, una pioggia di cenere vulcanica e lapilli iniziò a coprire le città di Pompei ed Ercolano. Questi materiali vulcanici oscurarono la luce del giorno e causarono una crescente confusione tra gli abitanti delle città.

3. **Colate Piroclastiche (Più Tardi il 24 Agosto):** Durante l'eruzione, colate piroclastiche di gas caldi, cenere e materiale vulcanico caddero a valle del Vesuvio a velocità estremamente elevate. Queste colate piroclastiche raggiunsero velocità di oltre 100 chilometri all'ora e causarono la morte istantanea di molte persone, oltre a seppellire e distruggere tutto ciò che incontrarono.

4. **Morte di Plinio il Vecchio:** Plinio il Vecchio, uno scienziato e comandante della flotta romana, morì durante l'eruzione mentre

cercava di aiutare le persone intrappolate. Suo nipote, Plinio il Giovane, ha lasciato un famoso resoconto dell'eruzione nelle sue lettere a Tacito.

5. **Caduta Continua di Cenere e Lapilli (25-26 Agosto):** La caduta continua di cenere vulcanica e lapilli coprì le città con uno spesso strato che continuò a crescere nei giorni successivi all'inizio dell'eruzione. Questa pioggia di cenere e detriti ha reso difficile la sopravvivenza per chi era ancora intrappolato.

6. **Seppellimento e Conservazione delle Città (27 Agosto in Poi):** Nel corso dei giorni successivi all'eruzione, le città di Pompei ed Ercolano furono completamente sepolte sotto strati sempre più spessi di cenere e lapilli. Questo processo di sepoltura conservò straordinariamente le strutture, l'arte e gli oggetti della vita quotidiana delle città.

7. **Vittime e Danni:** L'eruzione del Vesuvio causò la morte di migliaia di persone. Pompei e Ercolano furono rapidamente sepolte sotto metri di materiale vulcanico, e le città rimasero sepolte e dimenticate per molti secoli. Le rovine di queste città furono scoperte solo nel XVIII secolo e da allora sono state oggetto di intense ricerche archeologiche, fornendo preziose informazioni sulla vita quotidiana nell'antica Roma.

8. **Scoperta Archeologica (XVIII secolo):** Le rovine di Pompei ed Ercolano furono scoperte nel XVIII secolo, aprendo la strada a una delle più importanti scoperte archeologiche nella storia. Le città sepolte hanno da allora fornito preziose informazioni sulla vita nell'antica Roma.

Questi eventi principali dell'eruzione del Vesuvio nel 79 d.C. sono stati documentati attraverso resoconti storici, ritrovamenti archeologici e studi scientifici e rappresentano un capitolo significativo nella storia e nell'archeologia dell'antica Roma.

Impatto Culturale: L'eruzione del Vesuvio nel 79 d.C. è stata un evento di grande rilevanza storica e culturale. Le città sepolte hanno fornito uno straordinario scorcio sulla vita romana dell'epoca, con edifici, arte e reperti quotidiani ben conservati. Questa eruzione ha influenzato la percezione dei vulcani nella cultura occidentale ed è un elemento chiave nell'immaginario collettivo.

In sintesi, l'eruzione del Vesuvio nel 79 d.C. è un evento storico di grande importanza che ha lasciato un'impronta duratura sulla storia, sull'archeologia e sulla cultura occidentale. La sua documentazione accurata fornisce uno dei resoconti storici più preziosi di una catastrofe naturale antica.

Distruttività e Vittime

L'eruzione del Vesuvio del 79 d.C. è stata incredibilmente distruttiva e ha causato la morte di migliaia di persone. La sua devastazione è stata il risultato di una combinazione di esplosioni violente, colate piroclastiche e la deposizione di grandi quantità di cenere vulcanica e lapilli. Ecco una spiegazione più dettagliata della distruttività e delle vittime dell'eruzione:

1. **Colate Piroclastiche:** Durante l'eruzione, il Vesuvio espulse colate piroclastiche, che sono flussi mortali di gas caldi, cenere e detriti vulcanici. Queste colate si mossero rapidamente e a velocità devastanti, uccidendo tutto ciò che incontrarono. Le colate piroclastiche sono state particolarmente letali, poiché hanno

seppellito e incenerito persone, edifici e oggetti.

2. Caduta di Cenere e Lapilli: La pioggia di cenere vulcanica e lapilli durante l'eruzione oscurò la luce del giorno, causando panico tra gli abitanti di Pompei ed Ercolano. Questi materiali accumulatisi coprirono i tetti delle case e resero difficile la respirazione. La caduta di cenere e lapilli creò un ambiente letale per molte persone.

3. Sepoltura e Conservazione: Le città di Pompei ed Ercolano furono gradualmente sepolte sotto uno spesso strato di materiali vulcanici. Questo processo di sepoltura è stato, in un certo senso, una benedizione per l'archeologia, poiché ha conservato molte strutture e oggetti delle città, ma ha portato alla morte di molte persone che erano rimaste intrappolate sotto il peso di questi materiali.

4. Vittime: Non esiste un conteggio preciso delle vittime dell'eruzione del

Vesuvio nel 79 d.C. Tuttavia, si stima che migliaia di persone siano morte a causa dell'eruzione. Pompei ed Ercolano erano città relativamente piccole, ma densamente popolate, e una grande parte della popolazione fu annientata.

L'eruzione ha causato anche danni considerevoli a numerose altre città e villaggi nella regione circostante. Le perdite umane e la distruzione furono enormi. Tuttavia, il processo di sepoltura ha contribuito alla conservazione delle città e degli artefatti, che sono stati successivamente recuperati da archeologi e hanno contribuito in modo significativo alla comprensione della vita nell'antica Roma.

In breve, l'eruzione del Vesuvio del 79 d.C. è stata una tragedia di vasta portata che ha comportato la morte di molte persone e la distruzione di intere comunità. Allo stesso tempo, ha fornito un prezioso documento storico e archeologico delle città sepolte sotto i detriti vulcanici.

Eredità Storica

L'eruzione del Vesuvio nel 79 d.C. ha avuto un'**enorme eredità storica** che si è protratta per secoli ed è ancora rilevante oggi. Ecco una spiegazione dei principali aspetti dell'eredità storica di questo evento:

1. **Scoperta Archeologica:** L'eruzione ha sepolto le città di Pompei ed Ercolano sotto uno spesso strato di materiali vulcanici. Questo processo di sepoltura ha conservato gran parte dell'architettura, delle strade, degli edifici e degli oggetti quotidiani dell'antica Roma. Nel XVIII secolo, le rovine di queste città sono

state scoperte e successivamente scavate, rivelando un tesoro di informazioni sulla vita e la cultura romana.

2. **Archeologia e Antropologia:** Gli scavi archeologici di Pompei ed Ercolano hanno contribuito in modo significativo alla conoscenza dell'antica Roma. Questi siti sono diventati laboratori viventi per archeologi, storici, antropologi e scienziati che studiano la vita quotidiana, le abitudini alimentari, l'arte, l'architettura e molti altri aspetti dell'antica società romana.

3. **Fonte Primaria di Storia:** Le lettere di Plinio il Giovane, in cui descrisse l'eruzione del Vesuvio e la morte di suo zio Plinio il Vecchio, rappresentano una preziosa fonte primaria per gli storici per comprendere l'eruzione e le sue conseguenze. Questo resoconto storico ha contribuito notevolmente

alla nostra comprensione degli eventi di quell'epoca.

4. **Cultura Popolare:** L'eruzione del Vesuvio ha avuto un impatto significativo sulla cultura popolare, ispirando opere letterarie, artistiche e cinematografiche. Il dramma e la drammaticità di questa catastrofe naturale hanno affascinato generazioni di persone.

5. **Educazione e Divulgazione:** Pompei ed Ercolano sono diventate importanti siti turistici e destinazioni educative, attirando visitatori da tutto il mondo. I musei e i siti archeologici consentono ai visitatori di esplorare il passato romano e di imparare dai reperti esposti.

6. **Gestione del Rischio Vulcanico:** L'eruzione del Vesuvio ha anche contribuito a una maggiore consapevolezza dei rischi vulcanici. L'area intorno al Vesuvio è densamente popolata, ed è fondamentale monitorare

attentamente l'attività vulcanica per la sicurezza delle comunità locali.

In sintesi, l'eruzione del Vesuvio del 79 d.C. ha lasciato un'impronta duratura nella storia, nell'archeologia, nella cultura popolare e nella comprensione dei rischi vulcanici. Questo evento tragico ha fornito una finestra unica sulla vita dell'antica Roma e ha influenzato positivamente la ricerca e la conservazione del patrimonio storico.

Capitolo 4

L'Eruzione del Vesuvio nel 1631

L'Eruzione e i Suoi Effetti

L'eruzione del Vesuvio nel 1631 fu uno degli eventi più devastanti nella storia delle eruzioni vulcaniche del Vesuvio dopo l'eruzione del 79 d.C. Questa eruzione ebbe gravi conseguenze per le comunità circostanti e causò una significativa perdita di vite umane. Ecco una spiegazione dettagliata dell'eruzione del Vesuvio nel 1631:

Data dell'eruzione: L'eruzione del Vesuvio del 1631 ebbe inizio il 16 dicembre 1631 e continuò per diverse settimane.

Sviluppo dell'eruzione: L'eruzione fu caratterizzata da una serie di fasi, comprese esplosioni violente, colate di lava e flussi piroclastici. Durante l'eruzione, il Vesuvio eruttò una grande quantità di cenere vulcanica, lapilli, scorie e lava.

Danni e Conseguenze:

1. **Perdita di Vite Umane:** L'eruzione del 1631 fu particolarmente letale, causando la morte di migliaia di persone. Le colate piroclastiche e i flussi di lava si riversarono sulle comunità circostanti, seppellendo case e provocando vittime tra gli abitanti. La

città di Portici fu particolarmente colpita.

2. **Distruttività:** L'eruzione distrusse numerosi villaggi e città nelle vicinanze del Vesuvio, tra cui Torre del Greco, Torre Annunziata e parte di Portici. Molti edifici furono distrutti o gravemente danneggiati, e molte coltivazioni agricole furono bruciate o sepolte sotto le colate di lava e cenere.

3. **Effetti a Lungo Termine:** Le conseguenze dell'eruzione furono devastanti per la popolazione locale. L'agricoltura fu gravemente colpita, causando carestie e difficoltà economiche. Le aree colpite dovevano essere ricostruite, e la vita delle persone fu sconvolta in modo significativo.

4. **4. Impatto Sociale ed Economico:** Le comunità vicine al Vesuvio hanno dovuto affrontare la ricostruzione delle aree colpite e la necessità di riprendere la vita quotidiana. L'eruzione ha sconvolto la vita sociale ed economica

di queste comunità, e il processo di recupero è stato difficile e prolungato.

Gestione del Rischio Vulcanico: L'eruzione del Vesuvio nel 1631 rese ancora più evidente la necessità di una migliore comprensione e gestione del rischio vulcanico nell'area. Nel corso dei secoli, gli scienziati hanno studiato attentamente il Vesuvio e sviluppato sistemi di monitoraggio per prevedere le eruzioni e proteggere la popolazione circostante.

6. Contributo alla Ricerca Vulcanologica:

L'eruzione del Vesuvio del 1631 ha contribuito alla comprensione scientifica dei vulcani e dei processi vulcanici. Questi eventi forniscono ai vulcanologi importanti casi di studio per studiare le eruzioni e i loro effetti.

In sintesi, l'eruzione del Vesuvio del 1631 ha avuto una serie di effetti devastanti sulle comunità locali, provocando perdite umane, danni strutturali, problemi economici e carestie. Tuttavia, ha anche contribuito alla comprensione dei rischi vulcanici e alla ricerca scientifica in questo campo, fornendo una preziosa lezione sulla gestione del rischio vulcanico nell'area del Vesuvio.

Lezioni Apprese

L'eruzione del Vesuvio del 1631 ha suscitato una risposta immediata e ha portato a importanti lezioni apprese per la gestione dei rischi vulcanici. Ecco una spiegazione sulla risposta all'eruzione e sulle lezioni apprese da questo evento:

Risposta all'Eruzione:

1. **Evacuazione e Sfollamento:** Durante l'eruzione, le autorità locali cercarono di evacuare le persone dalle zone a rischio. Tuttavia, le evacuazioni furono difficili a causa della rapidità con cui si sono sviluppati i flussi piroclastici e i flussi di lava. Molte persone non furono in grado di fuggire in tempo.

2. **Ricostruzione:** Dopo l'eruzione, le comunità colpite si impegnarono nella ricostruzione delle aree devastate. Questo fu un processo lungo e difficile, poiché dovevano affrontare non solo la ricostruzione fisica, ma anche la ripresa economica e sociale.

1. **Maggiore Consapevolezza:** L'eruzione del Vesuvio del 1631 ha rafforzato la consapevolezza dei rischi vulcanici. Le comunità locali e le autorità hanno compreso meglio la potenziale devastazione causata da eruzioni vulcaniche e l'importanza

di un adeguato monitoraggio e preparazione.

2. **Sistemi di Monitoraggio:** L'evento ha contribuito a sviluppare sistemi di monitoraggio del Vesuvio. Gli scienziati hanno iniziato a osservare più attentamente il vulcano per rilevare segnali di attività eruttiva imminente e prevenire potenziali catastrofi.

3. **Piani di Evacuazione e Gestione del Rischio:** La tragedia del 1631 ha evidenziato l'importanza di sviluppare piani di evacuazione efficaci e strategie di gestione del rischio vulcanico. Questi piani sono stati implementati nel corso dei secoli per proteggere le comunità nelle vicinanze del Vesuvio.

4. **Ricerca Vulcanologica:** L'eruzione ha contribuito all'avanzamento della ricerca vulcanologica. Gli scienziati hanno studiato l'eruzione del 1631 e altri eventi vulcanici per comprendere meglio i vulcani attivi e

sviluppare modelli predittivi per prevedere eruzioni future.

5. **Monitoraggio Costante:** Il Vesuvio è uno dei vulcani più monitorati al mondo, con un sistema costante di osservazione e monitoraggio. Questo monitoraggio costante è fondamentale per prevedere le eruzioni potenziali e proteggere la sicurezza pubblica.

In generale, l'eruzione del Vesuvio del 1631 ha portato a una maggiore consapevolezza dei rischi vulcanici e ha contribuito allo sviluppo di misure preventive e di preparazione per proteggere la popolazione nelle aree vulnerabili. Le lezioni apprese da questo evento hanno aiutato a mitigare i rischi vulcanici e a proteggere la vita e i beni delle persone che vivono vicino al Vesuvio.

Capitolo 5

L'Eruzione del Vesuvio nel 1944: Eventi dell'Eruzione

L'eruzione del Vesuvio del 1944 è un evento vulcanico noto che ha interessato il vulcano Vesuvio in Italia. Questa eruzione è stata caratterizzata da una serie di eventi significativi. Ecco una spiegazione degli eventi principali dell'eruzione del Vesuvio del 1944:

Data dell'eruzione: L'eruzione del Vesuvio del 1944 ebbe inizio il 18 marzo 1944 e durò fino all'11 giugno dello stesso anno.

Eventi Principali:

1. **Esplosioni e Fontane di Lava:** L'eruzione del 1944 ha iniziato con una serie di esplosioni violente che hanno prodotto fontane di lava. Queste esplosioni sono state osservate nella zona del cratere e

sono state un segnale dell'imminente attività eruttiva.

2. **Colate di Lava:** Durante l'eruzione, sono state emesse colate di lava che hanno scorso lungo i fianchi del Vesuvio. Queste colate di lava hanno minacciato le comunità circostanti, tra cui San Sebastiano, Massa di Somma e San Giorgio a Cremano.

3. **Attività Parossistica:** L'eruzione è stata caratterizzata da fasi parossistiche con esplosioni violente e l'emissione di cenere vulcanica. Le nuvole di cenere vulcanica sono state trasportate dal vento e hanno influenzato l'area circostante.

4. **Flussi Piroclastici:** L'eruzione ha anche generato flussi piroclastici, che sono flussi mortali di gas caldi, cenere e detriti vulcanici. Questi flussi sono scesi lungo i fianchi del vulcano, causando danni e costituendo una minaccia per la popolazione.

5. **Evacuazioni e Danni:** A causa della minaccia rappresentata dall'eruzione, è stata necessaria l'evacuazione di diverse comunità nelle zone circostanti. Le esplosioni, le colate di lava e i flussi piroclastici hanno causato danni a edifici, strade e infrastrutture.

6. **Durata e Fine:** L'eruzione del Vesuvio del 1944 è durata diversi mesi e si è conclusa il 11 giugno. Durante questo periodo, l'attività eruttiva ha conosciuto variazioni in termini di intensità, con periodi di maggiore attività alternati a periodi di minore attività.

Conseguenze: L'eruzione del 1944 ha causato danni significativi alle comunità circostanti e ha reso necessarie evacuazioni per proteggere la vita delle persone. Fortunatamente, le autorità erano preparate e le misure di evacuazione hanno contribuito a evitare una catastrofe umana di grandi proporzioni. Tuttavia, le attività agricole e le proprietà sono state danneggiate.

Questa eruzione ha evidenziato la costante minaccia del Vesuvio e ha sottolineato l'importanza della sorveglianza costante del vulcano per la sicurezza delle comunità circostanti. L'eruzione del Vesuvio del 1944 ha contribuito anche alla ricerca vulcanologica, aumentando la comprensione scientifica dei vulcani attivi.

Impatto sulla Seconda Guerra Mondiale

L'eruzione del Vesuvio del 1944 ebbe un impatto limitato sulla Seconda Guerra Mondiale. Durante questo periodo storico, l'Italia era coinvolta nella guerra come membro dell'Asse, con il governo fascista di Benito Mussolini al potere fino al luglio 1943, quando il regime cadde e l'Italia passò sotto il controllo alleato.

Ecco come l'eruzione potrebbe aver influenzato la situazione durante la Seconda Guerra Mondiale:

1. **Effetti Locali:** L'eruzione del Vesuvio del 1944 si è concentrata principalmente nell'area immediatamente circostante il vulcano. Mentre le comunità locali hanno subito danni e sono state evacuate, l'eruzione non ha avuto un impatto significativo sulle operazioni militari nel teatro europeo della guerra.

2. **Alleati in Controllo:** Nel luglio 1943, il governo italiano aveva ceduto alle pressioni degli Alleati e Mussolini era stato arrestato. Gli Alleati avevano già sbarcato in Sicilia come parte dell'operazione "Husky" e stavano

avanzando nella penisola italiana. L'eruzione è avvenuta durante un periodo in cui le forze alleate avevano il controllo crescente dell'Italia.

3. **Effetti Economici:** L'eruzione ha avuto impatti locali sull'agricoltura e sull'infrastruttura nella regione circostante il Vesuvio. Questi impatti economici avrebbero potuto influenzare la situazione generale, ma non avrebbero avuto un effetto significativo sulla guerra in corso.

4. **Conseguenze a Lungo Termine:** L'eruzione del Vesuvio del 1944 ha avuto effetti principalmente locali e ha rappresentato un problema per la ricostruzione delle comunità colpite. La situazione generale della guerra in Europa era ormai in una fase avanzata, con la sconfitta dell'Asse sempre più evidente.

In sintesi, l'eruzione del Vesuvio del 1944 non ha avuto un impatto sostanziale sulla

Seconda Guerra Mondiale in termini di strategia militare o cambiamenti geopolitici significativi. La guerra era in fase di conclusione, e l'eruzione ha principalmente interessato le comunità locali e la situazione economica nella regione.

Capitolo 6
Monitoraggio e Previsione Vulcanica: Strumenti e Tecnologie

Il monitoraggio e la previsione vulcanica sono fondamentali per la sicurezza delle comunità che vivono vicino ai vulcani attivi. Gli scienziati utilizzano una serie di strumenti e tecnologie per osservare l'attività vulcanica e prevedere possibili eruzioni. Ecco alcuni dei principali strumenti e tecnologie utilizzati:

1. **Sismometri:** I sismometri rilevano i terremoti vulcanici. Le eruzioni

vulcaniche sono spesso precedute da terremoti causati da movimenti di magma sottoterra. I sismometri aiutano a monitorare questi terremoti e a valutarne la frequenza, l'intensità e la profondità.

2. **GPS e InSAR:** La misurazione dei movimenti del suolo è essenziale per il monitoraggio vulcanico. Il GPS (Global Positioning System) e l'InSAR (Interferometric Synthetic Aperture Radar) permettono di misurare le deformazioni del suolo causate dall'accumulo di magma sotto il vulcano. Questi strumenti rilevano anche cambiamenti nella superficie del terreno.

3. **Misuratori di Gas:** L'analisi dei gas emessi da un vulcano è un indicatore importante dell'attività vulcanica. Gli spettrometri a massa e i misuratori di gas misurano la composizione e la quantità di gas rilasciati dal vulcano, compresi gas come il diossido di zolfo e il biossido di carbonio.

4. **Telecamere Termiche:** Le telecamere termiche rilevano le temperature sulla superficie del vulcano. Possono identificare la presenza di magma in superficie o nella parte sottostante del vulcano, oltre a monitorare l'attività delle colate laviche.

5. **Sensori di Radiazione:** Alcuni vulcani emettono radiazioni termiche o di altro tipo. I sensori di radiazione misurano queste emissioni, fornendo dati utili per comprendere il comportamento vulcanico.

6. **Stazioni Meteo:** Le stazioni meteo nei dintorni di un vulcano raccolgono dati sulle condizioni atmosferiche, come direzione e velocità del vento. Queste informazioni sono importanti per determinare la dispersione della cenere vulcanica.

7. **Monitoraggio a Distanza:** Gli sviluppi nelle tecnologie remote

sensing, come i satelliti, consentono il monitoraggio a distanza dei vulcani. I satelliti possono rilevare variazioni nella temperatura della superficie, nella radiazione termica e nella composizione atmosferica sopra un vulcano.

8. **Webcam e Telecamere sul Campo:** Le telecamere installate in prossimità dei vulcani, così come le webcam, forniscono immagini in tempo reale dell'attività vulcanica. Queste immagini sono spesso rese disponibili al pubblico per il monitoraggio e l'allerta.

9. **Modellazione Numerica:** Gli scienziati utilizzano la modellazione numerica per simulare l'evoluzione delle eruzioni vulcaniche. Questi modelli considerano variabili come la topografia, la composizione del magma e il comportamento delle colate laviche.

10. **Sistemi di Allerta e Comunicazione:** Una componente

chiave del monitoraggio vulcanico è la comunicazione delle informazioni alle comunità locali. Questo può includere sistemi di allerta, app mobili e monitoraggio in tempo reale tramite siti web e social media.

L'uso combinato di questi strumenti e tecnologie consente agli scienziati di monitorare costantemente i vulcani attivi, raccogliere dati preziosi e fornire previsioni e allerte per proteggere la vita umana e la proprietà nelle aree vulnerabili.

Ruolo dell'Osservatorio Vesuviano

L'Osservatorio Vesuviano, situato in Italia, ha un ruolo chiave nel monitoraggio e nella ricerca vulcanica nella regione del Vesuvio. Fondata nel 1841, l'istituzione è una delle più antiche osservatorie vulcaniche del mondo e svolge un ruolo cruciale nella sorveglianza dell'attività vulcanica, nella ricerca scientifica e nella gestione del rischio vulcanico. Ecco il ruolo principale dell'Osservatorio Vesuviano:

1. **Monitoraggio Costante:** L'Osservatorio Vesuviano è responsabile del monitoraggio costante dell'attività vulcanica del Vesuvio. Utilizza una vasta gamma di strumenti e tecnologie, tra cui sismometri, misuratori di gas, telecamere, GPS e InSAR, per raccogliere dati sull'attività sismica, le deformazioni del terreno, le emissioni gassose e altri parametri.

2. **Previsione e Allerta:** Sulla base dei dati raccolti, l'Osservatorio Vesuviano valuta costantemente il livello di rischio vulcanico e fornisce previsioni e allerte alle autorità locali e alla popolazione. Queste previsioni possono variare da livelli di allerta bassi a elevati a seconda dell'attività vulcanica osservata.

3. **Ricerca Scientifica:** L'Osservatorio svolge un ruolo chiave nella ricerca vulcanologica. Gli scienziati dell'osservatorio conducono studi approfonditi sull'attività vulcanica, la geologia del Vesuvio e i processi vulcanici. Questa ricerca contribuisce alla comprensione scientifica dei vulcani attivi e all'elaborazione di modelli predittivi.

4. **Sorveglianza a Distanza:** L'osservatorio utilizza tecnologie di sorveglianza a distanza, come i satelliti, per monitorare l'area circostante il Vesuvio. Questi strumenti consentono di rilevare variazioni nella superficie del terreno e nell'attività vulcanica.

5. **Comunicazione e Educazione:** L'Osservatorio Vesuviano svolge un ruolo importante nella comunicazione delle informazioni sul rischio vulcanico alle comunità locali. Fornisce informazioni alle autorità locali e al pubblico, contribuendo

così a educare la popolazione sulla sicurezza vulcanica.

6. **Collaborazione Internazionale:** L'osservatorio collabora con altre istituzioni scientifiche a livello nazionale e internazionale. Questa cooperazione permette lo scambio di conoscenze e l'accesso a risorse condivise per migliorare la capacità di monitoraggio e previsione.

7. **Allerta Rapida:** In caso di aumento dell'attività vulcanica, l'Osservatorio Vesuviano è in grado di emettere rapidamente allerte per avvisare le persone nelle aree vulnerabili e le autorità locali. Queste allerte contribuiscono a mitigare il rischio di vittime in caso di eruzione.

L'Osservatorio Vesuviano gioca un ruolo cruciale nella protezione delle comunità nella regione del Vesuvio, contribuendo alla gestione del rischio vulcanico e all'avanzamento della conoscenza scientifica dei vulcani attivi. La sua opera è fondamentale per garantire la sicurezza pubblica in un'area densamente popolata e vulnerabile.

Capitolo 7
Rischi e Pianificazione di Emergenza: Valutazione dei Rischi

La valutazione dei rischi è una parte essenziale della pianificazione di emergenza per le comunità che risiedono in aree vulcaniche come quelle vicino al Vesuvio. Per affrontare con successo le possibili eruzioni vulcaniche, è fondamentale comprendere i rischi associati e sviluppare piani di emergenza adeguati. Ecco come avviene la valutazione dei rischi vulcanici:

1. **Identificazione delle Minacce:** Inizia con l'identificazione delle minacce vulcaniche specifiche. Queste minacce includono eruzioni

di lava, colate piroclastiche, esplosioni, flussi piroclastici, caduta di cenere vulcanica, lahar (colate di detriti vulcanici) e terremoti vulcanici. Ogni vulcano ha caratteristiche uniche e può presentare diverse minacce.

2. **Valutazione dell'Esposizione:** Gli esperti determinano quali aree sono esposte alle minacce vulcaniche. Questo coinvolge la mappatura delle comunità, delle infrastrutture, delle risorse agricole e degli elementi chiave nell'area di influenza del vulcano.

3. **Valutazione della Vulnerabilità:** La vulnerabilità riguarda la capacità delle comunità e delle infrastrutture di sopportare gli effetti delle minacce vulcaniche. Gli esperti considerano la densità della popolazione, l'architettura delle abitazioni, l'accesso ai servizi di emergenza, la capacità di evacuazione e altre variabili.

4. **Valutazione delle Capacità di Risposta:** Si valutano le risorse e le capacità disponibili per rispondere alle emergenze vulcaniche. Questo include la capacità delle autorità locali, dei servizi di emergenza e delle organizzazioni di soccorso di gestire una crisi vulcanica.

5. **Studi Storici e Scientifici:** Si considerano gli eventi vulcanici passati e le ricerche scientifiche per comprendere meglio i rischi. Questi studi includono l'analisi di eruzioni precedenti, la frequenza delle eruzioni e i modelli di comportamento vulcanico.

6. **Scenario di Rischio:** Gli esperti sviluppano scenari di rischio che prendono in considerazione la minaccia, l'esposizione e la vulnerabilità. Questi scenari possono variare in base al grado di eruzione vulcanica previsto, all'area coinvolta e agli effetti previsti.

7. **Mappatura dei Punti Critici:** Vengono identificati i punti critici, come le aree con rischio di colate laviche, i luoghi di ritrovo sicuri e le rotte di evacuazione. Queste informazioni sono cruciali per lo sviluppo di piani di emergenza.

8. **Comunicazione e Sensibilizzazione:** Un aspetto fondamentale della valutazione dei rischi è la comunicazione delle informazioni alle comunità locali. La sensibilizzazione è essenziale per educare le persone sui rischi vulcanici, sulle misure di sicurezza e sui piani di evacuazione.

9. **Pianificazione di Emergenza:** Sulla base della valutazione dei rischi, vengono sviluppati piani di emergenza che delineano le azioni da intraprendere in caso di eruzione vulcanica. Questi piani includono procedure di evacuazione, punti di raccolta, comunicazione di

emergenza e altre misure di sicurezza.

10. **Esercitazioni e Simulazioni:** Le comunità e le autorità locali svolgono esercitazioni e simulazioni periodiche per testare i piani di emergenza e preparare la popolazione a rispondere alle emergenze vulcaniche.

La valutazione dei rischi vulcanici è un processo in continua evoluzione che richiede la collaborazione tra scienziati, autorità locali e comunità. La comprensione dei rischi vulcanici e l'attuazione di piani di emergenza adeguati sono fondamentali per proteggere la vita umana e la proprietà nelle aree vulcaniche.

Progetti di Ricerca in Corso

Il campo della vulcanologia è caratterizzato da una serie di progetti di ricerca in corso in tutto il mondo, inclusi quelli legati all'osservazione e alla comprensione del Vesuvio e di altri vulcani attivi. Molti di questi progetti mirano a migliorare la sorveglianza vulcanica, la previsione delle eruzioni e la gestione del rischio vulcanico. Ecco alcuni esempi di progetti di ricerca in corso:

1. **Osservatorio Vesuviano:** L'Osservatorio Vesuviano continua a condurre ricerche e monitoraggi attivi sulla vulcanologia del Vesuvio. Questi studi comprendono l'osservazione della sismicità, delle emissioni gassose, delle deformazioni del suolo e l'analisi delle colate laviche.

2. **Progetto europeo Monitoring and Observing Geohazards (MOG):** Questo progetto coordina la sorveglianza vulcanica in Europa, inclusa l'area del Vesuvio. Si concentra sulla condivisione di dati e l'armonizzazione delle procedure di

monitoraggio tra vari osservatori vulcanici europei.

3. **Progetto di monitoraggio satellitare:** L'uso di dati satellitari, tra cui immagini ad alta risoluzione e dati radar, è un componente importante della ricerca vulcanica. Questi dati sono utilizzati per monitorare cambiamenti nella topografia del Vesuvio e nelle emissioni di gas.

4. **Studio della cenere vulcanica:** La ricerca continua sulla composizione e la dispersione delle ceneri vulcaniche è essenziale per prevenire il blocco delle rotte aeree e mitigare gli impatti sul trasporto aereo.

5. **Modellazione dei flussi piroclastici:** Gli scienziati stanno sviluppando modelli numerici per prevedere i flussi piroclastici e le colate laviche, al fine di valutare i potenziali impatti sulle comunità circostanti.

6. **Studi di depositi passati:** Gli scienziati studiano depositi vulcanici passati per comprendere meglio le eruzioni precedenti del Vesuvio e per valutare il potenziale impatto delle future eruzioni.

7. **Comunicazione di rischio e sensibilizzazione:** La ricerca si concentra anche sulla comunicazione efficace dei rischi vulcanici alle comunità locali. Questo include studi sulla percezione del rischio e sull'efficacia delle campagne di sensibilizzazione.

8. **Collaborazione internazionale:** La ricerca in corso spesso coinvolge collaborazioni internazionali tra osservatori vulcanici, istituti di ricerca e organizzazioni di protezione civile per condividere conoscenze e risorse.

Questi progetti di ricerca contribuiscono alla comprensione dei vulcani attivi e migliorano la capacità di monitorare e prevedere le eruzioni vulcaniche. La ricerca è fondamentale per proteggere la sicurezza delle comunità nelle aree vulcaniche e per garantire una migliore gestione del rischio vulcanico.

Capitolo 8

L'Eruzione del Vesuvio nel Futuro Possibili Scenari Futuri

Prevedere con precisione il momento e la natura di future eruzioni del Vesuvio è estremamente difficile, ma gli scienziati utilizzano le informazioni storiche e i dati di monitoraggio attuali per valutare i possibili scenari futuri. Ecco alcuni dei possibili scenari per le future eruzioni del Vesuvio:

1. **Eruzioni Effusive:** Il Vesuvio potrebbe generare eruzioni effusive, caratterizzate dalla fuoriuscita di lava

dal cratere. Queste eruzioni tendono ad essere meno esplosive e più prevedibili. La lava scorre lungo i fianchi del vulcano, minacciando le aree circostanti.

2. **Eruzioni Stromboliane:** Queste eruzioni sono caratterizzate da esplosioni periodiche di cenere vulcanica, gas e lava. Le eruzioni stromboliane possono essere relativamente piccole e possono comportare la formazione di piccoli coni di cenere nel cratere.

3. **Eruzioni Pliniane:** Questo è il tipo di eruzione più esplosivo e pericoloso. Eruzioni pliniane producono enormi colonne di cenere vulcanica che si innalzano nell'atmosfera, seguite da flussi piroclastici devastanti e caduta di cenere su vaste aree. Sebbene queste eruzioni siano rare, possono avere impatti catastrofici.

4. **Lahar e Colate Piroclastiche:** Le eruzioni potrebbero generare lahar (colate di detriti vulcanici) e flussi

piroclastici. Questi possono rappresentare una minaccia immediata per le comunità vicine al Vesuvio a causa della loro velocità e della loro capacità di coprire grandi distanze.

5. **Caduta di Cenere Vulcanica:** Anche in caso di eruzioni meno esplosive, la caduta di cenere vulcanica può avere un impatto significativo sulle comunità circostanti. La cenere vulcanica può danneggiare edifici, ostruire le vie respiratorie e danneggiare i raccolti agricoli.

6. **Eventi Sismici:** Le eruzioni vulcaniche sono spesso precedute da eventi sismici. I terremoti vulcanici possono causare danni alle infrastrutture e costituire una minaccia per la sicurezza pubblica.

È importante sottolineare che i vulcani sono sistemi complessi e imprevedibili, e le eruzioni possono variare notevolmente nel comportamento. Gli scienziati utilizzano dati di monitoraggio costante e modelli di previsione per rilevare segnali precoci di attività eruttiva e per fornire avvisi di allerta alle autorità locali e alla popolazione.

La pianificazione di emergenza e la preparazione sono fondamentali per affrontare qualsiasi futuro scenario eruttivo del Vesuvio. La gestione del rischio vulcanico, la comunicazione delle informazioni e la cooperazione tra scienziati, autorità e comunità locali sono essenziali per proteggere la vita umana e la proprietà in quest'area ad alto rischio.

Preparazione e Mitigazione dei Rischi

La preparazione e la mitigazione dei rischi vulcanici sono fondamentali per garantire la sicurezza delle comunità che vivono nelle zone vulnerabili, come quelle vicino al

Vesuvio. Ecco alcune strategie e misure chiave per affrontare i rischi vulcanici:

1. **Pianificazione di Emergenza:** Sviluppare piani di emergenza dettagliati che includano procedure di evacuazione, punti di raccolta, comunicazione di emergenza e ruoli delle autorità e delle organizzazioni di soccorso durante un'eruzione vulcanica. Questi piani devono essere comunicati in modo chiaro alla popolazione locale.
2. **Evacuazione:** Definire rotte di evacuazione sicure e garantire che le comunità conoscano queste rotte. Eseguire esercitazioni di evacuazione periodiche per preparare la popolazione a rispondere in modo adeguato in caso di emergenza.
3. **Sorveglianza Vulcanica:** Mantenere un sistema di monitoraggio costante del Vesuvio per rilevare segni precoci di attività eruttiva. Questo può includere sismometri, GPS,

telecamere e misuratori di gas. Le informazioni raccolte devono essere trasmesse alle autorità e alla popolazione in tempo reale.

4. **Comunicazione e Sensibilizzazione:** Educare la popolazione sul rischio vulcanico, sulle misure di sicurezza e sulle azioni da intraprendere in caso di eruzione. Fornire informazioni chiare e affidabili attraverso vari canali di comunicazione.

5. **Sviluppo delle Infrastrutture Resilienti:** Costruire e ristrutturare edifici e infrastrutture per renderli più resistenti alle eruzioni vulcaniche. Questo può includere l'uso di materiali resistenti al calore, la protezione delle finestre contro la caduta di cenere e la progettazione di sistemi di drenaggio per gestire i detriti vulcanici.

6. **Protezione dei Raccolti Agricoli:** Le colate laviche e la cenere vulcanica

possono danneggiare i raccolti. Sviluppare strategie per proteggere i raccolti agricoli, compresa la copertura delle coltivazioni con tessuti protettivi.

7. **Gestione dei Flussi Piroclastici e Lahar:** Identificare e proteggere le aree vulnerabili ai flussi piroclastici e ai lahar. Questi possono essere canalizzati lontano dalle zone popolate tramite opere di ingegneria, come dighe e argini.

8. **Scienza e Ricerca Continua:** Sostenere la ricerca scientifica sul comportamento vulcanico e sulle nuove tecnologie di monitoraggio. La ricerca continua è fondamentale per migliorare la comprensione e la previsione delle eruzioni.

9. **Collaborazione Internazionale:** Collaborare con altre istituzioni di ricerca, organizzazioni di protezione civile e autorità internazionali per condividere conoscenze e risorse. La cooperazione internazionale è

particolarmente importante in caso di eruzioni vulcaniche transfrontaliere.

10. **Pianificazione a Lungo Termine:** Prendere in considerazione il rischio vulcanico nella pianificazione urbanistica e territoriale a lungo termine. Evitare la costruzione di insediamenti nelle aree ad alto rischio.

La combinazione di queste misure di preparazione e mitigazione dei rischi può contribuire a ridurre al minimo gli impatti delle future eruzioni del Vesuvio e proteggere la vita e la proprietà delle comunità circostanti. La cooperazione tra scienziati, autorità locali e comunità è fondamentale per affrontare con successo il rischio vulcanico.

Conclusione

In conclusione, il Vesuvio, situato vicino a Napoli, è uno dei vulcani più noti e studiati al mondo a causa della sua storia eruttiva e della vicinanza alle comunità dense e storiche dell'Italia. L'area circostante il Vesuvio è ad alto rischio vulcanico, e la preparazione, la sorveglianza costante e la mitigazione dei rischi sono essenziali per garantire la sicurezza delle persone che vivono in questa regione.

Il Vesuvio ha una storia di eruzioni significative, tra cui quella del 79 d.C. che ha distrutto Pompei ed Ercolano, così come eruzioni più recenti nel 1631 e nel 1944. Queste eruzioni hanno lasciato un impatto storico e culturale duraturo sulla regione.

Per affrontare i rischi vulcanici, è fondamentale la collaborazione tra scienziati, autorità locali e comunità. La valutazione dei rischi, la comunicazione delle informazioni, la pianificazione di emergenza e la preparazione sono elementi chiave per proteggere la vita umana e la proprietà. La ricerca continua e il monitoraggio costante del Vesuvio contribuiscono alla comprensione dei vulcani attivi e alla previsione delle eruzioni.

Nel contesto delle sfide costanti poste dal Vesuvio, la sicurezza delle comunità vicine rimane una priorità, e il lavoro congiunto di scienziati, autorità e cittadini è essenziale per mitigare i rischi vulcanici e prepararsi a qualsiasi scenario futuro.

Importanza della Ricerca sul Vesuvio

La ricerca sul Vesuvio è di fondamentale importanza per una serie di ragioni.

Questo vulcano, situato vicino a Napoli in Italia, rappresenta una minaccia significativa per le comunità circostanti, ma la ricerca fornisce le basi per una migliore comprensione e preparazione per il rischio vulcanico. Ecco perché la ricerca sul Vesuvio è cruciale: 1. **Protezione delle Comunità:** La ricerca sul Vesuvio fornisce dati e informazioni che consentono alle autorità locali di prendere misure per proteggere le persone che vivono nelle aree vulnerabili. Questo può includere piani di evacuazione, sistemi di allerta precoce e piani di emergenza. 2. **Previsione delle Eruzioni:** La ricerca aiuta gli scienziati a monitorare i segni precoci di attività vulcanica, migliorando così la capacità di prevedere le eruzioni. La previsione è cruciale per preparare le comunità e per mitigare i danni potenziali. 3. **Comprensione Scientifica:** Studiare il Vesuvio contribuisce alla comprensione dei vulcani attivi in generale. Queste informazioni possono essere applicate anche ad altri vulcani in tutto il mondo, contribuendo alla sicurezza globale. 4. **Monitoraggio Costante:** La ricerca sul Vesuvio comporta un monitoraggio costante dell'attività vulcanica. Questo monitoraggio aiuta a valutare i cambiamenti nel comportamento del vulcano e a rilevare segni precoci di eruzione. 5. **Pianificazione di Emergenza:** La ricerca è fondamentale per lo sviluppo di piani di emergenza basati su dati scientifici. Questi piani sono cruciali per la preparazione alle eruzioni e per garantire la sicurezza della popolazione. 6. **Gestione del Rischio Vulcanico:** La ricerca sul Vesuvio contribuisce a migliorare la gestione del rischio vulcanico. Questo è importante non solo per la protezione delle vite umane, ma anche per la salvaguardia delle risorse e dell'ambiente circostante. 7. **Educazione e Sensibilizzazione:** La ricerca fornisce informazioni per educare la popolazione locale e il pubblico in generale sulla natura dei vulcani e sui rischi associati. La sensibilizzazione è fondamentale per garantire che le persone siano consapevoli dei pericoli e delle azioni da intraprendere. 8. **Collaborazione Internazionale:** La ricerca sul Vesuvio coinvolge spesso scienziati, istituzioni e organizzazioni internazionali, contribuendo alla cooperazione globale nella gestione del rischio vulcanico. 9. **Salvataggio del Patrimonio Culturale:** Il Vesuvio è situato in una regione ricca di patrimonio culturale. La ricerca contribuisce a preservare queste risorse storiche e culturali dalla minaccia vulcanica. In sintesi, la ricerca sul Vesuvio è essenziale per proteggere la vita umana, la proprietà e l'ambiente circostante dalle minacce vulcaniche. È un esempio di come la scienza e la cooperazione internazionale possano contribuire alla mitigazione dei rischi naturali e alla preparazione per situazioni di emergenza.

L'Eruzione del Vesuvio e il Futuro di Napoli

L'eruzione del Vesuvio e il suo impatto futuro su Napoli rappresentano una preoccupazione costante per le autorità, gli scienziati e la popolazione locale. Ecco alcune considerazioni sull'eruzione del Vesuvio e il suo impatto potenziale su Napoli nel futuro: 1. **Rischio Vulcanico Elevato:** Il Vesuvio è uno dei vulcani più pericolosi al mondo a causa della sua vicinanza a Napoli e delle comunità circostanti. La popolazione densa e la storia di eruzioni distruttive creano un elevato rischio vulcanico. 2. **Potenziali Impatti:** Un'eruzione del Vesuvio potrebbe avere impatti devastanti su Napoli, tra cui colate laviche, flussi piroclastici, lahar, esplosioni e caduta di cenere vulcanica. Questi eventi potrebbero causare danni significativi alle infrastrutture, alle abitazioni e mettere a rischio la vita umana. 3. **Mitigazione del Rischio:** La mitigazione del rischio vulcanico a Napoli è una priorità. Le autorità locali, in collaborazione con gli scienziati e le organizzazioni di protezione civile, hanno sviluppato piani di emergenza, sistemi di allerta precoce e procedure di evacuazione per preparare la popolazione alle eruzioni. 4. **Monitoraggio Costante:** Il Vesuvio è oggetto di monitoraggio costante da parte dell'Osservatorio Vesuviano e di altre istituzioni. Il monitoraggio fornisce dati chiave per valutare i cambiamenti nell'attività vulcanica e prevedere le eruzioni. 5. **Educazione e Sensibilizzazione:** La popolazione di Napoli è stata oggetto di campagne di sensibilizzazione per informarla sui rischi vulcanici e sulle azioni da intraprendere in caso di eruzione. L'educazione è essenziale per garantire che le persone siano preparate. 6. **Cooperazione Internazionale:** La gestione del rischio vulcanico a Napoli coinvolge spesso la cooperazione internazionale con altre istituzioni di ricerca e organizzazioni di protezione civile. Questa collaborazione consente di condividere conoscenze e risorse per affrontare il rischio vulcanico in modo più efficace. 7. **Pianificazione Urbana Resiliente:** La pianificazione urbana a lungo termine deve tener conto del rischio vulcanico, evitando la costruzione in aree ad alto rischio e promuovendo infrastrutture resistenti alle eruzioni. 8. **Eredità Storica e Culturale:** Napoli è una città ricca di storia e cultura. La preservazione del suo patrimonio storico e culturale è un aspetto importante della mitigazione del rischio vulcanico, affinché le generazioni future possano godere di queste ricchezze. In sintesi, l'eruzione del Vesuvio rappresenta una minaccia costante per Napoli, ma le misure di preparazione, la ricerca continua e la collaborazione tra le autorità, gli scienziati e la popolazione contribuiscono a mitigare i rischi. Napoli affronta il futuro con una combinazione di consapevolezza dei rischi, pianificazione di emergenza e resilienza urbana per garantire la sicurezza e la prosperità della sua popolazione.

Bibliografia

Ecco una bibliografia di riferimento per ulteriori letture sulla vulcanologia e sul Vesuvio:

1. Rosi, M., & Santacroce, R. (2001). "I Vulcani del Mondo: Guía ai vulcani più famosi." EDT.
2. Cioni, R., & Sbrana, A. (2000). "Vesuvio: Il vulcano e l'uomo." Bollati Boringhieri.
3. Massaro, F. (2002). "Napoli, il Vesuvio e Pompei." Guida Editori.

4. Gargiulo, P. (2005). "La natura a Napoli e dintorni." Newton Compton Editori.

5. Fedele, L. (2013). "Vesuvio – Educazione, sicurezza e incolumità nei comuni vesuviani: un vulcano di rischi". Springer.

6. De Natale, G., Zollo, A., & Capuano, P. (2010). "Vulcano Vesuvio: Educazione e ricerca su rischi e disastri". Springer.

www.ingramcontent.com/pod-product-compliance
Lightning Source LLC
Chambersburg PA
CBHW050739260726

48661CB00001B/322